金经昌中国青年规划师创新论坛系列文集

新发展格局与空间治理

第9届金经昌中国青年规划师创新论坛文集

金经昌中国青年规划师创新论坛组委会 主编

中国建筑工业出版社

图书在版编目(CIP)数据

新发展格局与空间治理：第 9 届金经昌中国青年规划师创新论坛文集 / 金经昌中国青年规划师创新论坛组委会主编. —北京：中国建筑工业出版社，2022.3
（金经昌中国青年规划师创新论坛系列文集）
ISBN 978-7-112-26855-9

Ⅰ.①新… Ⅱ.①金… Ⅲ.①城市规划—文集 Ⅳ.①TU984-53

中国版本图书馆 CIP 数据核字（2021）第 249346 号

责任编辑：滕云飞
装帧制作：南京月叶图文制作有限公司
责任校对：王 烨

金经昌中国青年规划师创新论坛系列文集
新发展格局与空间治理
第 9 届金经昌中国青年规划师创新论坛文集
金经昌中国青年规划师创新论坛组委会 主 编

*

中国建筑工业出版社 出版、发行（北京海淀三里河路 9 号）
各地新华书店、建筑书店经销
北京中科印刷有限公司印刷

*

开本：880 毫米×1230 毫米 1/32 印张：1⅞ 字数：556 千字
2022 年 3 月第一版 2022 年 3 月第一次印刷
定价：**68.00 元**（含增值服务）
ISBN 978-7-112-26855-9
（38719）

版权所有 翻印必究
如有印装质量问题，可寄本社图书出版中心退换
（邮政编码 100037）

内容提要

本书基于2021年在同济大学举办的以"新发展格局与空间治理"为主题的"第9届金经昌中国青年规划师创新论坛"的发言稿和学术论文，全面展示了近年来在"优化国土空间格局""提升城乡空间品质"这两个领域的，全国高校、设计院等科研机构的创新思考与实践。

金经昌中国青年规划师创新论坛以"倡导规划实践的前沿探索，搭建规划创新的交流平台，彰显青年规划师的社会责任"为宗旨，由中国城市规划学会、同济大学、金经昌/董鉴泓城市规划教育基金联合主办，同济大学建筑与城市规划学院、上海同济城市规划设计研究院有限公司承办，长三角城市群智能规划协同创新中心、《城市规划学刊》编辑部、《城市规划》编辑部、中国城市规划学会学术工作委员会、中国城市规划学会青年工作委员会、同济大学城市建设干部培训中心参与协办，是一个集思广益、推动发展的平台，助力青年规划师起飞、成长，肩负中国城市发展的历史使命。

本书适合城市规划工作者，城市规划专业大专院校师生参考阅读。

第9届金经昌中国青年规划师创新论坛

主办单位
中国城市规划学会

同济大学

金经昌/董鉴泓城市规划教育基金

承办单位
同济大学建筑与城市规划学院

上海同济城市规划设计研究院有限公司

协办单位
长三角城市群智能规划协同创新中心

《城市规划学刊》编辑部

《城市规划》编辑部

中国城市规划学会学术工作委员会

中国城市规划学会青年工作委员会

同济大学城市建设干部培训中心

《新发展格局与空间治理
第9届金经昌中国青年规划师创新论坛文集》
编辑委员会

主 任

周 俭　彭震伟　石 楠

委 员

陈秉钊　陈 晨　程 遥　黄建中　李京生　陆天赞
孙施文　唐子来　王新哲　阎树鑫　张尚武　赵 民
卓 健

编 辑

俞 静　陆天赞　刘婷婷　董衡苹　姜秋全　方文彦
王小洁　高一菲　边 燚

编 务

陈 涤　张知秋

前　言

　　2021年是中国共产党成立一百周年，是开启国家现代化新征程之年，也是"十四五"开局之年。无论是全球化背景下的竞争与合作，还是疫情引发的动荡与变革，中国已开启全面进入高质量发展的新阶段。作为国家现代化的治理体系和治理能力的重要组成部分，空间规划也处于全面推进时期，围绕"十四五"规划和2035年愿景目标，探索国土空间新发展格局，是每一位青年规划师应当牢牢把握的工作重心。

　　今年是金经昌创新论坛与广大青年规划师携手度过的第9届，青年就是创新的同义词，青年就是国家未来的主人。在当前我国重要的发展机遇下，青年规划师要站在人民的立场和中国的土地上，通过不断地创作和创新，让城市变得更美好，推动规划事业不断发展。

　　2021年5月22日，以"新发展格局与空间治理"为主题的"第9届金经昌中国青年规划师创新论坛暨第5届金经昌中国城乡规划研究生论文遴选结果公布"在同济大学举办，论坛采用线上方式召开。主题报告邀请了4位业内资深专家就国土空间规划与空间治理相关议题进行演讲；平行论坛围绕"优化国土空间格局""提升城乡空间品质"两项议题展开，邀请了16位青年规划师进行分享交流。与会的专家学者与青年规划师在网络平台上齐聚一堂，探讨新发展阶段、新发展理念、新发展格局背景下空间治理的创新实践。

"第9届金经昌中国青年规划师创新论坛"以"倡导规划实践的前沿探索，搭建规划创新的交流平台，彰显青年规划师的社会责任"为宗旨，由中国城市规划学会、同济大学、金经昌/董鉴泓城市规划教育基金主办，同济大学建筑与城市规划学院、上海同济城市规划设计研究院有限公司承办，长三角城市群智能规划协同创新中心、《城市规划学刊》编辑部、《城市规划》编辑部、中国城市规划学会学术工作委员会、中国城市规划学会青年工作委员会、同济大学城市建设干部培训中心参与协办。"金经昌中国青年规划师创新论坛"是同济大学校园内的一项常设论坛，在每年5月同济大学校庆期间举办。

《第9届金经昌中国青年规划师创新论坛文集》是将上述论坛报告及征稿进行汇编而成。在此，我们衷心感谢所有参与论坛的专家学者、青年规划师和各友好合作单位对论坛的大力支持，欢迎大家提出宝贵的意见和建议，更热诚地希望你们给予长久的支持与帮助。

第9届金经昌中国青年规划师创新论坛组委会

2021年6月

目 录

- 006 前言

- 013 主题报告
  - 014 凝聚共识，发展创新，做符合新时代要求的国土空间规划
    李 枫 自然资源部国土空间规划局副局长
  - 016 我国空间治理问题的缘起、进展及趋势
    史育龙 国家发展改革委城市和小城镇改革发展中心主任
  - 018 绿色、活力、人文：城市街道更新的挑战与行动
    郑德高 中国城市规划设计研究院副院长
  - 020 对城镇开发边界的思考
    王新哲 上海同济城市规划设计研究院有限公司副院长

- 023 优化国土空间格局
  - 024 观点聚焦
  - 028 主题论文
    - 028 市级国土空间规划编制的技术逻辑与管理逻辑
      张 超 闫 岩 中国城市规划设计研究院上海分院
    - 028 新时代"珠三角模式"转型背景下的空间治理策略迭代——以东莞市国土空间总体规划编制为例
      曾 堃 广州市城市规划勘测设计研究院
    - 028 重塑"国之天元"：湖北空间发展战略的思考
      林建伟 武汉市规划研究院
    - 029 战略引领融入新发展格局 协调联动探索空间治理路径——以海南省国土空间规划编制工作为例
      张 成 上海同济城市规划设计研究院有限公司
    - 029 基于国土空间高质量发展的水务生态治理——以深圳市光明区为例
      吴 丹 深圳市城市规划设计研究院有限公司
    - 029 以文化空间为引领的国土空间格局建构研究——以江西省景德镇为例
      赵 霖 尚嫣然 郑筱津 张险峰 北京清华同衡规划设计研究院有限公司

030　府际博弈视角下省际毗邻地区空间治理新框架探索——以长三角生态绿色一体化示范区为例
　　　张志敏　浙江省城乡规划设计研究院

030　以产权明晰和要素流动促进生态产品的价值实现
　　　刘畅　董珂　高洁　中国城市规划设计研究院　北京交通大学建筑与艺术学院

030　国土空间背景下县城城镇开发边界划定思考
　　　周华金　刘鹏发　平阳县自然资源和规划局

031　生态本底·文化赋能·魅力呈现——市级国土空间总体规划编制框架下的城乡风貌管控探索
　　　李晓宇　沈阳市规划设计研究院有限公司　张路　沈阳市园林规划设计院有限公司　朱京海　沈阳建筑大学

031　基于路网拓扑效率和POI核密度的城市中心识别方法研究——以深圳市为例
　　　郑婷　曾祥坤　钱征寒　深圳市蕾奥规划设计咨询股份有限公司

031　基于路径依赖理论的一个规划过程性分析框架
　　　韦胜　江苏省规划设计集团有限公司

032　多源数据支持下的国土空间格局识别研究——以宿州为例
　　　韩胜发　吴忠　上海同济城市规划设计研究院有限公司
　　　贺小山　宿州市自然资源和规划局

032　山地城镇文化的空间重塑：理论框架与规划实践
　　　俞屹东　上海同济城市规划设计研究院有限公司　蒋希冀　同济大学建筑与城市规划学院
　　　叶丹　同济大学建筑与城市规划学院　张楠　上海同济城市规划设计研究院有限公司

032　多网融合时代"长三角"铁路枢纽特征与发展策略
　　　何兆阳　中国城市规划设计研究院上海分院

033　县级国土空间规划耕地划定的技术思路探讨——以海南省某县为例
　　　张艳　崔志祥　深圳大学建筑与城市规划学院
　　　叶朝金　海南省土地储备整理交易中心

033 县级国土空间总体规划陆海统筹重难点问题探究——以山东省寿光市为例
　　　　郭 睿　上海同济城市规划设计研究院有限公司

033 铁路站点影响下的全球城市—区域多层级空间结构探究——以广州为例
　　　　王启轩　张艺帅　同济大学建筑与城市规划学院

034 技术与社会共演视角下的"淘宝村"发展趋势探讨
　　　　周 静　苏州科技大学建筑与城市规划学院

034 黄河流域西北半干旱地区河道生态修复规划探索——以兰州榆中夹沟河为例
　　　　杨 骏　上海同济城市规划设计研究院有限公司西北分院

034 生态文化价值地区识别与农业农村发展布局优化——以黔东南为例
　　　　傅 鼎　钱 慧　上海同济城市规划设计研究院有限公司

035 国土空间规划中生态价值评价的应用思考
　　　　黄 华　上海同济城市规划设计研究院有限公司

035 新格局新机遇视角下中等城市的升级路径探究——以天津市宝坻区国土空间规划为例
　　　　杨馥瑞　天津市城市规划设计研究总院有限公司

037　提升城乡空间品质

038　观点聚焦

042　主题论文

042 存量时代的住有宜居探索——以深圳为例
　　　　林辰芳　深圳市城市规划设计研究院有限公司

042 消费视角下商业街区的更新趋势与规划应对——王府井商业区更新与治理规划的思考
　　　　郭 婧　北京市城市规划设计研究院

042 城市更新和产业更新——存量时代产业空间提质增效的思考
　　　　濮 蕾　深圳市蕾奥规划设计咨询股份有限公司

043 推进城市有机更新，探索存量空间治理路径——成都实践
　　　　姚 南　成都市规划设计研究院

043　上海城市更新方式的转变探索
　　　李 锴　聂梦遥　关 烨　严 涵　上海市上规院城市规划设计有限公司

043　美起来，富起来，顺起来——从规划设计到扎根服务的模式转型
　　　杨 怡　江苏省规划设计集团有限公司

044　针灸式城市设计的深圳实践
　　　毛玮丰　胡淙涛　唐 倩　深圳市规划国土发展研究中心

044　绿道在城市更新中营造公共空间的意义与方法——以茂名为例
　　　胡 斌　上海同济城市规划设计研究院有限公司

044　精细化治理视角下的省域公共文化设施规划研究——以海南为例
　　　韩胜发　李佳宸　上海同济城市规划设计研究院有限公司

045　实用性村庄规划编制技术标准与实施监督体系建立的沈阳实践
　　　刘春涛　王 玲　沈阳市规划设计研究院有限公司

045　情感建构下历史文化遗产的价值重构——以湖贝旧村保护更新为例
　　　钟文辉　吴锦海　深圳市城市规划设计研究院有限公司

045　"寻找回来的街道空间"——城市街道设计导则系统评析与优化思考
　　　马 强　韦 笑　任冠南　上海同济城市规划设计研究院有限公司

046　新时期长三角区域治理新框架的探索
　　　孙经纬　江苏省规划设计集团城市规划设计研究院

046　新发展阶段下跨界治理的再思考
　　　国子健　江苏省城镇与乡村规划设计院有限公司
　　　钟 睿　江苏省城镇化和城乡规划研究中心

046　儿童友好视角下学校规划设计导则编制探索——以江苏昆山为例
　　　肖 飞　苏州规划设计研究院股份有限公司　余启航　昆山市自然资源和规
　　　划局
　　　刘 冰　同济大学建筑与城市规划学院　杨晓光　同济大学交通运输工程学院

047　空间生产视角下我国城市更新模式转变刍议——兼论城市更新"网红化"
　　　现象
　　　崔 国　上海华都建筑规划设计有限公司
　　　周 详　东南大学建筑学院
　　　张晶轩　《城市中国》研究中心

047 靖江市已建区控规编制思路探讨
——以街坊来盘活低效地块更新和以生活圈功能组织为抓手的控规编制方法
季如漪　江苏省规划设计集团有限公司

047 改革过渡期规划管理政策制订的工作方法创新——以广东省《关于加强和改进控制性详细规划管理若干指导意见(暂行)》为例
唐　卉　广东省自然资源厅
曾祥坤　深圳市蕾奥规划设计咨询股份有限公司
苏智勇　广东省自然资源厅
刘小丽　广东省建筑设计研究院有限公司

048 详细规划层面生态保护与修复的路径探索——以北京市门头沟区为例
李　崛　上海同济城市规划设计研究院有限公司

048 历史文化传承视角下的里坊空间格局保护与展示策略研究——以唐长安城安仁坊为例
沈思思　张　睿　陈　虓　西安市城市规划设计研究院

048 新时期高密度城市区域生态空间的治理路径——基于成都环城生态区的思考
钟　婷　成都市规划设计研究院

049 传统工业基地城镇开发边界划定探索——以包头为例
庄洁琼　包头规划设计研究院

049 以风貌提升唤醒乡村时代价值——湾区建设和乡村振兴战略下的东莞乡村风貌提升研究
谢石营　周有军　谢儒刚　牟玉婷　高　升　东莞市城建规划设计院

051 后记

主题报告

凝聚共识，发展创新，做符合新时代要求的国土空间规划

李　枫　自然资源部国土空间规划局副局长

一要把握新时代、新要求，探索中国国情下的国土空间管理、国家治理和高质量发展的新路。报告回顾了40多年改革开放历程，总结我国规划体系特点并指出，"多规"融合的国土空间规划就是要落实"生态、自然、安全、高质量、底线、保护、以人为本"等核心任务。通过构建国土空间开发保护的新格局、提供升级提质的新空间，实现绿色发展和高质量发展。新时代背景下，通过质量变革、效益变革、动力变革，探索适应中国国情的自然资源和空间管理的方式、方法和制度。

二要把握新规划、新特点，抓住十个关键词。第一，全域全要素，包括陆海空间，包括山、水、林、田、湖、草、海等自然资源和历史文化资源；第二，底线约束，"三线"控制，如城镇开发边界是大规模城镇化、工业化需要布局的地区，也是约束城市持续蔓延并为未来留有发展空间的管控边界，在保证连续、完整的基础上，实现城镇功能完善和品质提升；第三，指标管控，量化指标体系，通过约束性、建议性和预期性指标等实现上传下导、层层落实；第四，优化结构和布局，控制好市域空间功能结构与中心城区建设用地的比例关系；第五，功能品质提升，强调

"以人为本"，增强各类设施使用的便捷度、可达性和均好性；第六，实施传导，上下结合，落实上位规划的要求，指导下位规划和专项规划编制；第七，实施传导的路径和手段，特别是对于老城区更新和郊野乡村地区全要素综合整治，应促进破碎、低效用地再开发，提升环境品质和资源利用效率；第八，分级审批，明确各级规划的编制重点；第九，精简审批，"管什么就批什么"，对省级、市县级国土空间规划侧重于控制性审查；第十，建设国土空间基础信息平台和"一张图"实施监督信息系统，在编制、审批、实施、监督、监测、评估修订等全链条上运用。

三要把握新方法、新路径，构建基础平台，实现智慧城市、智慧规划和智慧国土。强调以"三调"为基数底数，形成统一的底图和底版。夯实"双评价""双评估"这一基础研究，实现全过程、全流程、多渠道、多方式的"开门编规划"。深入领会"多规合一"的改革实质，减少"政出多门"，提升治理能力。通过对全域国土空间总体安排和综合部署，协调、统筹、平衡好相关的专项和专业内容，注重解决实际问题。

我国空间治理问题的缘起、进展及趋势

史育龙　国家发展改革委城市和小城镇改革发展中心主任

关于空间治理的概念及内涵,需要两个关键视角的组合。一是生态文明视角,自党的十八大报告提出大力推进生态文明建设以及"五位一体"的总体布局以来,空间治理内容都包含在生态文明中;二是主体功能区视角,完善空间治理的基础和关键在于完善和落实主体功能区战略,细化主体功能区划分。具体而言,空间治理包含四个理念和目标。首先,保护优先,严格保护生态安全和农产品供应安全,集约、高效、有序地开展各类开发建设活动;其次,优化布局,实现人口、经济、资源环境的平衡,如人口规模、产业结构、增长速度不能超出当地水土资源的承载能力和环境容量;再次,陆海统筹,以海定陆,协调匹配陆海主体功能定位、总体格局、开发强度和指标管控等;最后,实现差异化的协同发展和高质量发展的区域经济布局。

关于中国空间治理的进展,稳步推进"三大战略格局"建设,包括"两横三纵"城市化战略格局、"七区二十三带"农业战略格局和"两屏三带"生态安全战略格局。明确以县级行政为单元的主体功能定位,不断完善分类管理的区域政策,建立资源环境承载能力监测预警长效机制,推进空间规划体制改革等。主体功能区划分为优化开发区、重点开发区、农产品主产区和重点生态功能区。针对重点生态功能区实施财政转移支付政策，实施重点生态功能区产业准入负面清单制度，加强对不同主体功能区的分类指导，建立差异化的政绩考核评价体系，将用途管制扩大到所有的自然生态空间。

关于新阶段的空间治理，包括三个方面：一要强调系统观念，在主体功能区划分的基础上，提出"重要动力源地区"和"重要功能性区域"两类区域；二要与区域战略深度融合，城镇化空间格局叠加、融合京津冀、长三角、粤港澳等区域重大战略，协同推进；三要对空间治理尺度单元作进一步细化，对空间治理中的生态管控作进一步深化。

绿色、活力、人文：
城市街道更新的挑战与行动

郑德高　中国城市规划设计研究院副院长

　　街道更新是城市更新行动的重要抓手，能够让街道回归城市生活的本质。报告结合国内外大量考察实践，从更绿色、更有活力、更人文的街道更新的角度，介绍城市特色街道规划的思路。

　　更绿色的街道，目的是让街道生活能够"慢"下来，为人和车提供更加安全、绿色的出行空间。街道改造的重要逻辑是如何慢下来、静下来、绿起来。街道改造的核心是明确路权，通过优化断面空间，给慢行系统相应独立的路权，打造连贯、舒适的慢行道。其中，如何协调慢行与车行系统的空间占比，在不减少车行路权的情况下增加慢行路权是我们面临的挑战。如纽约街道改造通过保证机动车数量不变、缩窄车行道宽度来增加非机动车道和公交专用道空间；根据不同时间段划分车行或步行路权；通过植树提高绿色空间的比例，增加道路的生态功能。这些方法既增加了街道空间，也增加了城市蓝绿空间。

　　更活力的街道，通过多元业态，满足人民对高品质休闲生活的需求，目的是让街道生活能够"坐"下来，挑战在于如何激发商业的价值与活力。一是商业活化。关注建筑前区空间，重点提升建筑底部的小尺度及"L"形空间的塑造水平。这一灰空间在空间产权上既是政府的,也是经营者的,如何激发其活力并延展功能业态,需要精细化、艺术化设计。二是注重活力打造。关注街道"凹"空间,植入活力触媒装置,保证业态的多元性与界面的丰富性,并注重地域性风貌的塑造。

更人文的街道,主要是通过植入艺术和文化内容为街道注入活力,用老建筑来讲述新故事等手法,让街道生活能够"闲"下来。实现途径包括艺术彰显,为街道植入公共艺术,以文化提质,打造更具文化活力和地方特色的街道空间。街道更新行动面临的挑战在于,在有限的街道空间内,既满足车行,又满足人的使用需求,通过更绿色、更有活力、更人文的街道空间塑造来提升城市整体空间的品质。

对城镇开发边界的思考

王新哲　上海同济城市规划设计研究院有限公司副院长

城镇开发边界划定工作的重要指导文件是中共中央的指导文件，这里面提出了上下结合、分层划定的工作要求。市级国土空间规划编制指南也有明确的城镇开发边界划定要求，市级总规按照上位国土空间规划确定的城镇定位、指标规模等要求要划定市辖区的城镇开发边界，要统筹提出县人民政府所在地的镇和各类开发区的城镇开发边界的指导方案，县级总规依据市级总规指导方案，划定县域范围内县人民政府所在地的镇和其他镇、开发区的边界。

一、城镇开发边界的定位

根据现有规定，三条线自上而下，层层落实，而且有分级分类的审批权限，这是比较清晰的体系。但目前的单独划定的工作从某种程度上来讲是改变央地事权的划分。涉及生态保护红线永久基本农田的要国务院审批，某种程度上讲这两条线是国务院的事权；城镇开发边界的调整由原审批机关审批，城镇开发边界某种程度上讲还不是单独的，是依附于总体规划的。但从目前的工作来看趋于独立，个人觉得比较合理的理解或者未来的发展导向是三条线都是独立的中央事权，三条线脱离了总规的横向体系，是单独拎出来的发展和保护底线。

二、城镇开发边界的作用

城镇开发边界从名字上看是控制城镇开发的边界，是城市和乡村之间的边界，之所以这样是因为乡村的建设更加融于自然，是低冲击的、小规模建设。但事实上城镇和村的边界不是那么容易界定的，这样就对城镇开发边界的界定提出了新的难题。从经验上来看，整个临界地区的发展，包括广东、江浙是有着很多经验，当然也有很多的教训，怎么样取长补短是我们在划定边界时候重点考虑的内容。

三、城镇开发边界的规模

地方政府普遍对于规模是比较在意的，最近自然资源部提出城镇开发边界与建设用地规模界定是不完全相关的关系。由于《土地管理法》的调整，允许集体经营性建设用地直接上市，城镇开发边界内的建设用地权属变得复杂化，边界内可以有接近城镇建设形态的乡村建设，当然也有非建设用地。划入城镇开发边界用地和没划入城镇开发边界的用地，在某种程度上讲最大的区别就是是否可以土地征收成片开发。开发边界内外都有可以建设的和不可以建设的。这使得城镇开发边界对于建设规模控制的作用在减弱。

四、城镇开发边界的形态

由于城镇的形态是由各级的边界共同组成的，高级别的管控聚焦于"主城"，但真正控制其形态的，与耕地、生态用地交错的反而是低层级的镇甚至村。城区边界确定标准很重要，刚刚发布的《城区边界确定规程》有重要的指导意义。同时对于城乡交错地区、镇级的开发边界的划定应不同于大城市，我们提出定位上从"控形态"到"管行为"，目标上从"集约度"到"紧凑度"，对象上从"划重点"到"全覆盖"，方法上从"紧约束"到"赋弹性"。

五、城镇开发边界的弹性

城镇开发边界的划定应考虑弹性与留白，目前边界内的留白主要是功能留白，但随着建设用地规模调控方式的改变，如"指标跟着项目走"就需要增加指标留白。边界外的准入机制要更加清晰，不能脱离管制。

国土空间规划自上而下的传导，要求越来越精准。从下至上的诉求，地方发展的复杂性与不确定性要求有足够的弹性。作为一个政策，上要考虑堵漏洞，下要考虑留余地，不同层级、尺度下的政策重点应有所不同。

优化国土空间格局

观点聚焦

中国城市规划设计研究院上海分院张超的演讲题目是《市级国土空间规划编制的技术逻辑与管理逻辑》。国土空间规划的核心特征是融合了城乡规划和土地利用规划,实现了自然空间和发展空间的和谐统一。土地利用规划构建了一个以用途管制为导向的国土资源闭环管理模式,政策性强,强调指标落地,用途管控与控制线指标严格挂钩,呈现出"蜂窝煤式"的传导特征。城乡总体规划涵盖综合性内容,体现了较强的战略意图和技术理性,呈现出"金字塔形"特征。国土空间规划编制,既要体现城乡规划对城市发展的规律认识、价值认识,也要遵循土地利用规划上传下达、逐级传导的刚性约束。报告以蚌埠市、南京市国土空间规划编制为例,提出在技术逻辑层面,构建从问题到目标、指标、策略的"一张表",在管理实施层面,明确各层级规划编制的特点和深度,明确实施传导机制。

广州市城市规划勘测设计研究院曾堃的演讲题目是《新时代"珠三角模式"转型背景下的空间治理策略迭代:以东莞市国土空间总体规划编制为例》。东莞发展体现出典型的"珠三角模式"特点,即具有毗邻港、澳的优势,接受港商资金和技术发展"三来一补"产业的模式。新背景下,珠三角模式需要以高质量发展为目标,进行自我优化完善。面对区域、生态、空间、人居、产业和特色等挑战,规划提出四大空间治理策略:一是高水平保护。

稳底盘，精准保护生态农业空间。二是高效率利用。精准配置各类资源要素。三是高品质生活。四是高效能治理。国土空间规划体现了自上而下强化管控的意图，珠三角模式注重释放地方经济活力，体现自下而上的发展逻辑，需要探索地方化的空间治理模式。

武汉市规划研究院林建伟的演讲题目是《重塑"国之天元"：湖北空间发展战略的思考》。湖北是中国重要的战略枢纽，面临一城独大、东西塌陷、综合交通枢纽地位受到挑战、科创优势转化不够等问题。规划从三个方面探讨空间重塑：一是构建"一省三枢纽"的空间格局；二是发挥湖北"两大作用力"，即国家层面"传动力"和中部沿长江层面"引领力"；三是构建"雁阵结构"，形成"一主两翼、一带三区"的总体战略格局，武汉城市圈形成"头雁"，"襄十随神、宜荆荆恩"两翼形成"从雁"。空间治理上，一是打造要素汇流和高效连通的"新枢纽"；二是建立多层次、宽领域、全方位的科教创新共同体；三是凸显湖北特色的粮食安全和健康生活空间保障；四是塑造自然灵秀与英雄精神融合的文化魅力空间。从把握区域发展规律出发，优化空间发展格局，找准空间治理要点。

上海同济城市规划设计研究院有限公司张成的演讲题目是《战略引领融入新发展格局协调联动探索空间治理路径——以海南省国土空间规划编制工作为例》。战略既是省级规划的基本属性，也是引领规划编制进程的核心环节。在规划编制中，技术逻辑与行政逻辑并行。海南省建设中国特色自由贸易港，规划以战略研究为切入点，构建工作闭环，即"评估评价—目标与策略—实施路径—规划方案—系统统筹—协调联动"。战略引领打通"沟通—论证—决策"机制，首先对自然地理格局进行分析评定，统筹从"保护修复"到"利用开发"的空间关系，提出总体格局方案；其次，抓住战略引领、智慧规划、协调联动和科学优化四个着力点，引入智能诊断和智能推演等手段，以"格局谋划—底线约束—布局优化—功能完善—品质提升"来开展规划编制。

深圳市城市规划设计研究院有限公司吴丹的演讲题目是《基于国土空间高质量发展的水务生态治理——以深圳市光明区为例》。水务空间的高质量发展、高水平规划和治理，是国土空间规划的重要专项，也是粤港澳大湾区推进生态文明建设及深圳创建先行示范区的重要一环。报告以深圳市光明区为例，创新地提出高质量水务空间生态治理的技术路径。一是以水污染治理为基础，持续推进水环境治理全覆盖，利用SWMM软件构建"降水—径流"模型，评估水环境治理情况，促进水环境方案完善；二是在全区推进和贯彻"+海绵"理念以及刚性、弹性两种管控模式，构建"两线管控、三全互补、精确指引"的水生态空间格局，支撑全区绿色发展；三是针对生态区、建成区，提出多层面的治理策略和生物多样性保护规划方法；四是发挥水生态要素约束不合理的城市建设行为的作用。

北京清华同衡规划设计研究院有限公司赵霖的演讲题目是《以文化空间引领国土空间全面建构——国家历史文化名城景德镇实践》。文化空间是高品质国土空间的重要组成和重要表征，文化与国土空间的关系成为新的研究课题。景德镇具有鲜明的文化特征，包括千年瓷都的历史性、商品贸易的世界性、山水人文的空间性和深入生活的活态性。景德镇国土空间规划通过传承文化山水人居体系，构建具有中国特色的城乡空间格局；通过传承城市基因，构建新型人文城市的实施路径；形成"1+3"的规划内容，即1个总体规划和3个文化空间专题专项。规划提出四个重点：构建文化与国土空间规划全面融合的规划逻辑；构建全域全要素文化保护利用体系；围绕城市活动全链条，探索新型人文城市模式；探索文化空间的全方位治理，为规划实施提供保障。

浙江省城乡规划设计研究院张志敏的演讲题目是《府际博弈视角下省际毗邻地区空间治理新框架探索——以长三角生态绿色一体化示范区为例》。中国区域治理已从行政区划调整的刚性治理进入到区域协调的柔性治理阶段。在不改变行政隶属关系的前提下，如何在跨界空间治理中建立更为完善的跨省府际的博弈机制，是破解省级毗邻地区空间治理"碎片化"的关键。报告以长三角生态绿色一体化示范区为例，从博弈主体、博弈平台、执行机制三个关键环节进行探讨。博弈主体方面，建立"国家意志传导＋省际博弈协调＋省内博弈协调"机制，围绕跨界协同事权，建立府际博弈主体结构；博弈平台方面，形成"示范区总体规划—先行启动区总体规划—水乡单元控制性详细规划"法定规划体系；博弈执行机制方面，采用统筹管理、业界共治，建立多维的空间治理保障机制。

中国城市规划设计研究院刘畅的演讲题目是《以产权明晰和要素流动促进生态产品的价值实现》。构建国土空间开发保护新格局，在于寻找兼顾保护与发展的可行路径。结合"两山理论""制度经济学理论"和"空间功能分区理论"等相关理论，提出产权明晰与生态产品要素流动是优化生态资源配置、促进生态产品价值实现的重要手段。解决由资源产权虚置和要素流动障碍导致的"交易成本过高"问题，需要推进自然资源产权制度和要素的市场化改革。通过建立"多权分置、归属清晰"的自然资源产权制度，以扩权赋能、激发活力为重心，促进要素流动，形成有效激励。通过建立市场主导的要素流动激励机制，以边界清晰、差异引导的分区制度，充分博弈的交易制度，公平有效的补偿制度，来促进自然资源资产保值增值和人民群众的财富增长。

主题论文

市级国土空间规划编制的技术逻辑与管理逻辑

张 超 闫 岩 中国城市规划设计研究院上海分院

摘要：国土空间规划是把城乡规划和土地利用规划融合为一的规划，"多规合一"不是简单的规划叠加，而是发挥各自的优势，既要突出土地利用规划政策性强、可操作落地的特点，也要把握对城市发展规律的认知，体现城乡规划的战略性和综合性。国土空间规划是综合行政管理和技术沟通达成共识的结果，技术逻辑导向下需要厘清城市发展的战略性问题，并针对性地提出目标、指标和对策；管理逻辑导向下需要从实施、督察、评估等各个环节明确操作路径，并为提供规划主管部门管理实施的空间政策，统筹好技术思维与管理思维的逻辑关系，才能编制一个能用、好用、管用的规划。

关键词：用途管制；战略引领；刚性管控；技术逻辑；管理逻辑

新时代"珠三角模式"转型背景下的空间治理策略迭代
——以东莞市国土空间总体规划编制为例

曾 堃 广州市城市规划勘测设计研究院

摘要："珠三角模式"深刻地影响了改革开放后珠三角地区的城镇化进程。东莞作为珠三角发展模式的代表，其发展内核源于自下而上的、以镇村为主体的模式，这种模式带来了经济的高速增长，也带了诸如市级缺乏统筹能力等弊端。新时代国土空间规划体系的构建体现着强化管控的思路，制度设计强调自上而下的管控。自上而下的国土空间规划管控要求与东莞自下而上的发展模式并不矛盾，加强自上而下的管控是适应新时期发展理念的必然选择，而发挥自下而上的镇及村级经济活力，是东莞自身经济社会发展特点的体现。本轮东莞市级国土空间规划充分考虑东莞的特点，通过统一发展思路、加强片区规划指引、重点提升城市品质等措施，探索将两者有效融合，编制符合地方特色的市级国土空间总体规划。

关键词：新时代；珠三角模式；空间治理策略

重塑"国之天元"：湖北空间发展战略的思考

林建伟 武汉市规划研究院

摘要：在国家新发展格局和国土空间规划体系改革背景下，围绕重塑湖北"国之天元"的战略地位，笔者基于当前面临的外部竞争环境分析，立足把握湖北"一省三枢纽"的空间格局基本面，提出强化湖北在国家新发展格局中的"传动力""引领力"作用，谋划打造要素汇流和高效连通的"新枢纽"，联动周边省份共同建设科教创新共同体、产业高质量发展示范区，力图从空间战略层面响应国家发展战略部署，推动湖北实现新时期高质量发展。

关键词：湖北；空间发展战略

阅读或下载各篇论文可扫二维码

战略引领融入新发展格局　协调联动探索空间治理路径
——以海南省国土空间规划编制工作为例

张　成　上海同济城市规划设计研究院有限公司

摘要：在海南省国土空间规划编制过程中有三个重要特点：一是战略性是省级规划的基本属性，战略研究是引领编制进程的核心环节；二是协调联动是贯穿全程的工作机制，是统一思想、达成共识而形成规划方案的工作方法；三是规划编制工作形式上的六个转变，对于达成最终工作目标起到了至关重要的作用。

关键词：国土空间规划；战略；协调联动

基于国土空间高质量发展的水务生态治理
——以深圳市光明区为例

吴　丹　深圳市城市规划设计研究院有限公司

摘要：水务空间高质量发展是国土空间规划中的重要专项内容，也是粤港澳大湾区推进生态文明建设及深圳创建先行示范区的重要举措，水务生态治理则是水务空间规划的基础支撑。本研究以深圳市光明区为例，基于大量水务生态基础调查，针对水务工作先行先试的示范区特点，创新地提出水务空间生态治理技术路径，构建支撑绿色发展的水生态空间格局，针对生态区、建成区提出宏、中、微观层面的治理策略，以及水务空间中生物多样性保护的规划方法。引导水务工作更加关注水务工程自身生态能力的建设，更好地发挥水生态全要素引导的约束作用，调整管控不合适的城市建设行为。为深圳市国土空间布局提供基础依据，为全国其他城市提供示范性经验。

关键词：国土空间规划；水务空间；高质量发展；水生态治理；深圳市光明区

以文化空间为引领的国土空间格局建构研究
——以江西省景德镇为例

赵　霖　尚嫣然　郑筱津　张险峰　北京清华同衡规划设计研究院有限公司

摘要：文化空间是高品质国土空间的重要组成和重要表征。本文结合景德镇国土空间总体规划编制工作，对国土空间规划中文化空间与国土空间关系如何重塑提出思考：（1）构建文化与国土空间规划全面融合的规划逻辑；（2）构建全域全要素文化保护利用体系，引领塑造特色城乡格局；（3）围绕城市活动全链条合理布局城市空间，探索新型人文城市模式；（4）探索文化空间的全方位治理，为规划落地实施提供保障。

关键词：文化空间；国土空间格局；空间治理

阅读或下载各篇论文可扫二维码

府际博弈视角下省际毗邻地区空间治理新框架探索
——以长三角生态绿色一体化示范区为例

张志敏 浙江省城乡规划设计研究院

摘要：当前，省际毗邻地区协同发展是长三角一体化发展的新课题。行政割裂加之缺乏有效的博弈协商机制，导致空间治理"碎片化"问题突出，阻碍着区域的整体发展，因而寻求行之有效的区域协同治理路径势在必行。本文以"府际博弈"为视角，从博弈主体、博弈平台、执行机制三个方面剖析目前省际毗邻地区空间治理"碎片化"的深层原因，并以长三角绿色生态一体化示范区为案例，总结了构建多主体博弈网络、搭建多层级博弈平台、建立多维度博弈执行机制的空间治理新框架，推动实现区域空间协同共治并为类似地区的协同发展提供借鉴。

关键词：府际博弈；空间治理；省际毗邻地区

以产权明晰和要素流动促进生态产品的价值实现

刘畅 董珂 高洁 中国城市规划设计研究院 北京交通大学建筑与艺术学院

摘要：在保护与发展"两难"的困境下，本文通过对历史的借鉴和对未来的展望做出判断：生态产品需求使其价值实现成为可能，而"促进产权明晰和要素流动"为价值实现提供了路径。以习总书记"两山"理论、制度经济学理论和空间功能分区理论为基础，提出价值实现的制度路径：一是建立多权分置、归属清晰的自然资源产权制度，包括创新权能和明晰产权；二是建立导向明确、市场主导的要素流动激励机制，包括建立边界清晰、差异引导的分区制度，建立市场主导、充分博弈的交易制度，建立责权明晰、公平有效的补偿制度。

关键词：国土空间规划；生态产品；要素；产权

国土空间背景下县城城镇开发边界划定思考

周华金 刘鹏发 平阳县自然资源和规划局

摘要：机构改革后，全国新一轮国土空间规划全面展开，平阳县国土空间规划是浙江省首批先行先试点，在实践中暴露出很多问题。文章从平阳县的城镇开发边界三次划定实践出发，挖掘划定边界过程中出现的指标不平衡、"三线"交叠矛盾、线形识别性差且不易管理等问题，结合理论和实践，以新发展理念为指导，更新城镇开发边界划定思路、方法，提出县开发边界划定思考方向，认为在土地利用规划保有量总指标不变的情况下，对形状进行改变，可以科学合理地划定城镇开发边界线，为全面实施国土空间规划提供一定的实践意义。

关键词：国土空间；县城；城镇开发边界

阅读或下载各篇论文可扫二维码

生态本底·文化赋能·魅力呈现
——市级国土空间总体规划编制框架下的城乡风貌管控探索

李晓宇　沈阳市规划设计研究院有限公司　张　路　沈阳市园林规划设计院有限公司
朱京海　沈阳建筑大学

摘要：2020年8月发布的《市级国土空间总体规划编制指南》提出"开展总体城市设计，保护自然与历史文化遗存，塑造具有地域特色的城乡风貌"，突出强调了运用城市设计手段对城乡风貌进行精细化管控的重要意义，将城乡风貌塑造作为城市治理能力现代化的重要内容。沈阳有着独特的地理环境和丰富的文化底蕴，在此次总规编制中，围绕《市级国土空间总体规划编制指南》关于"提高国土空间的舒适性、艺术性，提升国土空间品质和景观价值"的目标导向，以总体城市设计为技术手段，从"美丽国土的空间总纲、生态文明的魅力呈现和地域文化的传承创新"等方面推动城乡风貌体系的建构。

关键词：城乡风貌；总体城市设计；美丽国土；生态文明；地域文化

基于路网拓扑效率和POI核密度的城市中心识别方法研究
——以深圳市为例

郑　婷　曾祥坤　钱征寒　深圳市蕾奥规划设计咨询股份有限公司

摘要：在规划工作中，城市中心的识别往往需要规划师凭借传统调研数据和主观经验进行综合判断，并没有固定的模式和方法。近年来，大数据和新空间技术的发展应用为空间分析提供了更为准确的量化分析手段，这其中就包括基于位置服务网络业务的POI核密度和基于网络分析的路网拓扑效率来识别城市中心的方法。这两种分析方法虽较常见于规划研究中，但仍有些技术问题尚未厘清，且方法的适用情况未讨论清楚。本研究以深圳为实例，通过对两种分析方法的路线梳理以及成果差异对比，探讨了两种方法所表征的城市中心内涵特征以及可用和适用的情况。

关键词：城市中心；POI；路网拓扑效率；空间句法

基于路径依赖理论的一个规划过程性分析框架

韦　胜　江苏省规划设计集团有限公司

摘要：新发展格局与空间治理是当前高质量发展阶段所面临的一个基本问题，但其仍然受到较长历史时期发展结果以及现状发展特征的影响。为此，本研究借助路径依赖理论中的"锁定""正反馈"以及"关键节点"等核心概念，探索性地提出了一个规划发展决策的分析框架。该分析框架分为三个部分：原有路径依赖的形成、关键节点上原有路径依赖的衰弱以及新路径依赖的形成。高铁站点选址的案例，揭示了规划建设成本影响高铁站点选址布局的机理，展示了现状高铁站点布局与未来高铁网络化发展特征的综合作用是如何催生新的路径依赖。若不能正确应对未来新的空间路径依赖，可能会造成规划建设上的巨大经济损失和社会损失。

多源数据支持下的国土空间格局识别研究
——以宿州为例

韩胜发　吴　虑　上海同济城市规划设计研究院有限公司
贺小山　宿州市自然资源和规划局

摘要： 为支持市级国土空间规划编制，优化国土空间格局，本文提出利用手机定位数据、POI 数据、高新技术企业数据和第三次全国土地调查数据（"三调"数据）来识别城市空间格局的方法。首先，使用移动通讯基站地理位置数据和手机信令数据，汇总用户数量，运用核密度分析法生成现状城区用户密度分布格局；其次，对手机数据进行汇总，识别居住时段（1：00—4：00）、就业时段（8：00—11：00）、休闲时段（12：00—14：00）和高峰时段（17：00—18：00）四个典型城市功能活动特征时段；再次，通过人群活动密度格局确定城市主中心，结合 POI 和 "三调" 数据确定城市专业中心体系；最后，结合典型特征时段、"三调" 数据和高新技术企业数据识别城市主导功能分区，并综合生成现状城区主导功能分区。

关键词： 手机信令数据；POI；第三次全国土地调查；专利数量；城市中心体系；特征时段

山地城镇文化的空间重塑：理论框架与规划实践

俞屹东　上海同济城市规划设计研究院有限公司
蒋希冀　同济大学建筑与城市规划学院
叶　丹　同济大学建筑与城市规划学院
张　楠　上海同济城市规划设计研究院有限公司

摘要： 受到快速城镇化的冲击，当下山地城镇的文化氛围已遭受严重破坏。在此背景下，如何系统地建构与山地城镇文化特征相适应的空间规划体系显得尤为迫切。在梳理、总结山地城镇文化特质及现实建设困境的基础上，本文提出一个文化规划视角下的文化重塑模型，包括对既有文化要素的系统梳理、文化要素演绎与空间表达以及文化表达社会认可度分析三个模块。最后，通过城镇总体、街区和广场空间三个尺度的规划实践，初步检验了理论模型的实际应用可行性及其意义。

关键词： 山地城镇；地域文化；空间融合；社会认同；规划实践

多网融合时代 "长三角" 铁路枢纽特征与发展策略

何兆阳　中国城市规划设计研究院上海分院

摘要： 长三角等我国城镇密集地区正率先进入多网融合的铁路发展新阶段，铁路发展的主要任务从 "速度主导" 转向 "可达性主导"，带来未来铁路网络和枢纽格局、铁路出行特征的变化以及其发展策略的变化。未来 "长三角" 铁路枢纽多站协作的格局下，枢纽服务从 "对内广覆盖、对外低可达" 转向 "就近乘车、对外高可达"，并形成综合联系站场与都市圈城际站场两大主要铁路车站类型。在发展策略上，未来铁路枢纽能级的整体跃升需要通过高可达的枢纽网络来实现，并从 "铁路—城市" 两个维度形成更丰富的枢纽分类体系，同时更加关注塑造更紧密的站城关系以及构建绿色交通可达最优的枢纽集散模式。

关键词： 多网融合；铁路枢纽；站城融合；分类体系；集疏运体系

阅读或下载各篇论文可扫二维码

县级国土空间规划耕地划定的技术思路探讨
——以海南省某县为例

张　艳　崔志祥　深圳大学建筑与城市规划学院
叶朝金　海南省土地储备整理交易中心

摘要： 县级国土空间总体规划中的耕地控制线，需要严格贯彻省级耕地保有量的要求，并落实"一张图"进行刚性管控。面对耕地控制线划定过程中的图斑冲突、指标缺口、统筹协调等问题，本文以海南省乐东黎族自治县为例，在满足国标、省标双要求的前提下，落实"以'三调'图斑为基础、保障永久基本农田布局稳定"的规划原则，分析其与开发边界、林地控制线、生态类管控线的主要矛盾，提出统筹解决的方法。同时提出永久基本农田主要由稳定耕地、即可恢复、工程恢复、省级统筹四部分构成，一般耕地由补充耕地、工程恢复剩余以及非稳定耕地三部分综合划定的技术路线。

关键词： 耕地控制线；三线统筹；县级国土空间规划

县级国土空间总体规划陆海统筹重难点问题探究
——以山东省寿光市为例

郭　睿　上海同济城市规划设计研究院有限公司

摘要： 国土空间规划陆海统筹打破陆海规划二元分割的传统瓶颈，对生态和经济发展都具有重要的意义。县级国土空间陆海统筹具有实施性强、易聚焦等特征，亟须进行内容和方法的研究，然而，现有的县级国土空间规划陆海统筹相关研究尚不充分，技术方法尚未明确，重点问题仍未解决。因此，本文基于寿光市国土空间规划编制的经验，结合文献整理、政策解读、案例分析等，分析和探索了县级国土空间规划中陆海统筹部分编制内容的框架、陆海统筹中陆海边界划分和海岸带开发保护利用平衡三大重难点问题，旨在填补相关研究空缺，为规划实践提供参考。

关键词： 县级国土空间规划；陆海统筹；海岸带

铁路站点影响下的全球城市—区域多层级空间结构探究
——以广州为例

王启轩　张艺帅　同济大学建筑与城市规划学院

摘要： 铁路站点是城市对外联系的重要门户，也是承载城市职能的重要公共中心；而交通枢纽城市的铁路站点更承担着组织"城市—区域"多层级空间结构的重要职能。研究以我国华南铁路枢纽广州为例，以手机信令相关研究方法识别了通过铁路站点的客流来源地、目的地，比较了广州四大站点城际客流组织的总体特征，进而从三个空间尺度探讨了铁路站点影响下的"城市—区域"空间组织结构。研究发现：广州四大站点已形成了主次搭配、协同发展的格局，但在承担城市门户、区域枢纽功能方面有着结构性差异；三个尺度的跨城客流空间组织特征表明，各铁路站点已经在主要联系区域、广佛跨城互动、市域辐射范围等方面有较为明确的空间职能划分。从交通枢纽视角认识"城市—区域"的多层次空间组织，对有效引导各尺度空间互动、促进站点间协同发展有所启示。

关键词： 全球"城市—区域"；空间结构；铁路站点；手机信令；广州

技术与社会共演视角下的"淘宝村"发展趋势探讨

周 静 苏州科技大学建筑与城市规划学院

摘要：过去十年，中国涌现了 5 000 多个由电子商务带来显著经济增长的村庄（又被称为"淘宝村"）。"淘宝村"的涌现本质上是信息技术与乡村社会相互作用、共同演进的结果。研究认为，随着信息技术的嵌入，"淘宝村"正在出现一种区别于传统乡村弱经济组织，适应于线上市场销售的、协同各种生产要素、灵活的强经济组织。这种转变将对中国乡村社会的发展产生广泛而深刻的影响。

关键词：淘宝村；信息技术；经济组织；田野调查

黄河流域西北半干旱地区河道生态修复规划探索
——以兰州榆中夹沟河为例

杨 骏 上海同济城市规划设计研究院有限公司西北分院

摘要：当前黄河流域生态保护和高质量发展已上升到国家战略层面，不仅需要因地制宜地进行生态保护，而且强调协同治理、综合发展。黄河流域西北半干旱地区受地理条件制约，水安全、水资源及生态环境保障突出。且随着蓝绿融城的建设需要，亟须提出统筹河道生态修复及环境改善的技术框架。本次以黄河一级支流宛川河支流夹沟河的生态修复规划为实践案例，提出"河道系统修复、生物系统修复、环境治理提升"三大生态修复目标，并构建技术体系框架。依据水灾害防治、水资源保障、生态空间营造、民生绿道布局等十大策略，统筹推动河流两岸高质量发展。通过本次实践研究，为黄河流域西北半干旱地区实现"山水润城、生态融城"目标提供有效的规划技术路径参考。

关键词：黄河流域；河道生态修复；高质量发展

生态文化价值地区识别与农业农村发展布局优化
——以黔东南为例

傅 鼎 钱 慧 上海同济城市规划设计研究院有限公司

摘要：当前，国家"十四五"规划纲要强调要坚持农业农村优先发展，全面推进乡村振兴，对广大乡村地区的空间治理提出了新的要求。我国幅员辽阔，乡村地区类型多样，资源禀赋与产业条件不尽相同。面对乡村振兴的发展要求，在资源方面，需要重视生态文化价值转换；在产业方面，需要重视农业转型升级，以此双擎驱动，实现农业农村发展布局的优化。本文以乡村地域广大，类型多样，传统村落、少数民族特色村寨众多的贵州省黔东南苗族侗族自治州为例，着眼于空间治理，通过密度分析、影像分析等方法，从宏观到微观多角度考察各类乡村的分布格局与空间特征，并从生活、生产、生态的维度，识别生态文化价值地区，差异化地提出乡村振兴的模式。

关键词：乡村振兴；空间治理；生态文化；"三生"空间；黔东南

阅读或下载各篇论文可扫二维码

国土空间规划中生态价值评价的应用思考

黄　华　上海同济城市规划设计研究院有限公司

摘要： 近日，两办印发文件提出要"建立生态产品价值评价体系"，引发对国土空间规划中如何开展生态价值评价的思考。在国土空间规划的大背景下，生态价值评价工作应该充分利用"双评价"的工作基础，从图底视角转换至价值判断视角，为提高权威性、准确性，要进行"多数合一"的数据统筹、层级的深化细化。生态价值评价同样能为国土空间规划提供有力支持，包括通过价值判断的空间分异带来新的图底认知，通过（产品）价值的供需揭示空间的匹配问题，从而为生态空间格局提供新视角并成为规划监测评估考核等的重要手段。生态价值评价同样也存在可度量性以及背后的公平性等问题，因此值得更深入地探讨。

关键词： 生态价值；国土空间规划

新格局新机遇视角下中等城市的升级路径探究
——以天津市宝坻区国土空间规划为例

杨馥瑞　天津市城市规划设计研究总院有限公司

摘要： 中等城市是联系大城市和小城镇的纽带，是城镇体系内要素传导的空间载体。新时期中等城市对于落实国家区域发展战略、完善城镇体系层级具有至关重要的作用，因此，探究高质量发展背景下中等城市的升级转型需求迫切。本文以中等城市宝坻为例，对京津冀协同发展格局下宝坻面临的机遇进行预判，紧抓高质量发展主线，以人民需求为导向，通过对居民、企业的问卷调查及访谈，剖析制约城市发展的核心问题。从落实区域定位、发挥区域交通优势、优化产业体系和提升公共服务品质四个方面探究中等城市升级的路径，以期实现生态文明背景下的高质量发展、高品质生活和高效能治理。

关键词： 新格局；京津冀；中等城市；升级路径；宝坻区

阅读或下载各篇论文可扫二维码

提升城乡空间品质

观点聚焦

深圳市城市规划设计研究院林辰芳的演讲题目是《存量时代的住有宜居探索——以深圳为例》。以人民为中心推进城市建设、增进民生福祉，已成为城市发展的主旋律，深圳在中国特色社会主义先行示范区的新要求下提出"住有宜居"的住房发展导向。面对土地紧约束与住房需求旺盛的双重挑战，深圳积极探索基于存量的集约式住房发展路径。报告从"人—房—地"的关系出发，分析了深圳的住房发展背景、发展历程与发展困境，并以深圳宝安区为例，从住房总量、结构、布局、品质角度深入剖析住房发展面临的挑战，从住房供需匹配、居住空间优化、宜居品质提升三个方面提出包容有居、乐业安居、品质宜居三大住房发展策略。最后提出，面向住有宜居的治理创新思考，应从完善住房保障政策、加强住房规划统筹、优化住房实施机制等方面进一步加强探索，以期为步入存量时代的各大城市的住房发展路径提供相关经验。

北京市城市规划设计研究院郭婧的报告是《消费视角下商业街区的更新趋势与规划应对——王府井商业区更新与治理规划的思考》。城市消费变革与商业发展呈现出新趋势，城市商业街区更新日益成为城市消费转型中的重要课题。报告提出商业发展的三个趋势：一是商业从服务社会生活的需求转变为孵化公共生活方式；二是商业从内部各业态的比例调和转变为与多种城市功能的密切互动；三是商业设施的更新从内部空间改造转变为商业空间与城市空间的关联性场景塑造。报告以王府井商业区为例，深入探索了商业街区更新路径和方法，指出现代新型消费发展变革带来潜在危机。城市更新既要以丰富的手段创造丰富的生活场景，提升人的活力，服务于城市多变、灵活的发展诉求，还要以更加审慎的态度引导公众健康消费和城市商业持续发展。

深圳市蕾奥规划设计咨询股份有限公司濮蕾的报告是《城市更新与产业更新——存量时代产业空间提质增效的思考》。报告以龙华区为例，提出在快速城市化过程中产业空间面临利用效率低、空间集聚性差、供给路径单一、权属特征复杂等问题，介绍了两个阶段的更新尝试：一是市场主导的"腾笼换鸟"阶段；二是"政府管控＋市场实施"的"筑巢引凤"阶段，针对市场诉求提供空间供给。报告总结了产业更新四个方面的经验：一是存量产业用地方面，与国土空间规划充分衔接；二是存量开发产业类项目，围绕产业类型实施全程动态监管；三是结合区级实操部门，进行事权下放，简化原有控规审批程序，加强产业审批；四是给予产业类改造项目诸多政策优惠，并以严格的监管保障实施"不走样"。报告认为，仅通过规划手段对产业空间进行提质增效仍有不可避免的弊病，须强化多部门联动。

成都市规划设计研究院姚南的报告是《推进城市有机更新，探索存量空间治理路径——成都实践》。城市治理是国家治理体系的重要组成部分，具有三个特征：一是治理主体已经"去中心化"；二是把城市的发展目标和既有问题共同作为治理课题；三是创新体制机制，整合多方力量和资源。成都市城市有机更新，以"中优"地区为重点，形成更新思路：一是明确"提升城市竞争力和宜居度"的目标指向；二是突出人本治理、发展治理、精准治理和持续治理四大治理理念；三是努力实现向城市整体效益、人文关怀、片区综合更新、渐进式有机更新和多元共治的五个转变。报告还结合具体案例介绍了四项更新工作重点与六大更新策略。

上海市上规院城市规划设计研究院聂梦遥的报告是《上海城市更新方式的转变探索》。报告回顾了改革开放以来上海市以提高市民居住水平和完善城市功能形象为主要目标的城市更新历程，是以政府主导、市场参与的整体更新。新时代背景下，多元主体参与、多种方式实施成为更新的趋势，上海探索"上下结合、区域统筹、多元主体协商、多种方式实施"的新模式。对比国内外案例，从规划和土地政策支持、完善建设实施中的协商协调和更新社会治理模式三个维度，对重点发展地区和改善提升地区的更新模式进行了差异化探索。报告指出，城市更新作为一项公共政策，以公共利益为核心价值取向，采取多方、多元协作模式，促进城市更新向着更健康、更可持续的方向发展。

上海同济城市规划设计研究院有限公司胡斌的报告是《绿道在城市更新中营造公共空间的意义与方法——以茂名为例》。城市更新中公共空间营造的价值标准，包括增加公共空间供给、重塑公共空间的公共性和构建连续系统。报告提出，贯通绿道的意义已不再局限于对慢行交通设施的完善，而在于营造高品质的城市公共空间。绿道建设作为一种营造公共空间的有效方式，重点是日常性和公共性。以茂名绿道规划实践为例，以易于到达、符合居民日常出行习惯和需要、营造线性公园为目标，探索利用发达的街坊路网体系构建有密度的城市绿道网络；通过设施分布和量化分析，优化布局绿道选线；整合空间资源，将慢行设施转变为线性公园；最终基于绿道网络形成高品质的公共空间系统。

深圳市规划国土发展研究中心毛玮丰的报告是《针灸式城市设计在深圳的实践》。微更新、微改造已经成为新时代发展的需求。深圳市近年来在城市公共空间品质提升方面，对"我们需要怎样的城市"做出了"城市需要趣味、社区需要特色、城市更新需要微更新、城市设计需要抓手落地"的回答。深圳市的《趣城·深圳美丽都市计划》以城市公共空间为突破口，形成人性化、生态化、特色化的公共空间环境，通过"点"的力量，创造有活力、有趣味的深圳。报告以盐田实施方案作为区级层面的案例，蛇口社区微更新计划作为街道、社区层面的案例，提出创新点，包括在市级层面提出公共空间改造计划、区级层面进行面向实施的创新实践、社区层面落实"接地气"的民生实事。城市更新实践提升了城市公共空间的品质，营造了更多积极的空间，加强了城市生态文化保护，产生了显著的社会效益。

江苏省规划设计集团有限公司城市规划设计研究院杨怡的报告是《美起来，富起来，顺起来——从规划设计到扎根服务的模式转型》。2020年中央农村工作会议上，习近平总书记明确强调了"三农"问题是中国社会主义现代化的"重中之重"。2021年"一号文件"聚焦三个政策导向，将乡村工作重点落在"让村子美起来，农民富起来，日子顺起来"。报告以苏北农房改造项目为例，通过编制乡村风貌导则引导村子变美；以黄岩贡橘园为例，通过产业策划让农民变富；以高校参与规划师下乡、共商共治的经验，探讨了多元主体协作下如何理顺乡村治理问题。最后总结，通过规划设计扎根服务、"共同缔造"，实现乡村发展。

主题论文

存量时代的住有宜居探索
——以深圳为例

林辰芳　深圳市城市规划设计研究院有限公司

摘要： 以人民为中心推进城市建设，增进民生福祉已成为城市发展的主旋律，深圳在中国特色社会主义先行示范区的新要求下，提出住有宜居的住房发展导向。面对土地紧约束与住房需求旺盛的双重挑战，深圳积极探索基于存量的集约式住房发展路径。从"人—房—地"的关系出发分析深圳的住房发展情况，以深圳宝安区为例，从住房总量、结构、布局、品质角度深入剖析现状住房发展面临的挑战，从住房供需匹配、居住空间优化、宜居品质提升三个方面提出住房发展策略，并提出面向住有宜居的治理创新思考。

关键词： 存量时代；住房发展；深圳

消费视角下商业街区的更新趋势与规划应对
——王府井商业区更新与治理规划的思考

郭　婧　北京市城市规划设计研究院

摘要： 随着疫情下全球格局的变化和我国"双循环"大格局的建立，国家层面消费升级战略议题和建设国际消费中心城市的工作得到强力推进。城市的消费变革悄悄上演，商业发展呈现出新的趋势。城市商业街区的更新日益成为城市消费转型发展中的重要课题。本文通过分析消费变革视角下的商业发展趋势，初步提出商业街区更新与消费关系重塑的耦合关系，并以王府井商业区更新为例，阐释商业街区在转型发展中进行文化引领、功能融合、品质提升的方法和路径。

关键词： 消费；商业街区；城市更新；王府井

城市更新和产业更新
——存量时代产业空间提质增效的思考

濮　蕾　深圳市蕾奥规划设计咨询股份有限公司

摘要： 深圳作为全国率先进入全面存量开发时代的城市，在存量规划制度与管理体系方面已开展了全面、有效的探索。研究以深圳市龙华区作为个案，以小见大，剖析全市产业用地的主要特征与问题，并对城市规划在产业空间提质增效中发挥的阶段性作用和成功经验予以总结，旨在对国内尚未全面迈入存量时代的城市在城市更新和产业更新方面起到一定的借鉴作用；且针对深圳现有规划在单独应对产业更新项目过程中存在的弊病及下一步精准施策的方向提出了建议。

关键词： 城市更新；产业更新；空间提质增效

阅读或下载各篇论文可扫二维码

推进城市有机更新,探索存量空间治理路径
——成都实践

姚 南 成都市规划设计研究院

摘要: 随着成都市进入增存并举的发展阶段,城市有机更新成为推动成都高质量发展的重要举措之一。成都市以"中优"地区为重点,系统地推进城市有机更新工作,通过更新对象识别、更新单元划定、更新模式指引、更新体系构建等措施,实现存量空间的人本治理、发展治理、精准治理和持续治理。与此同时,成都在滨水区更新、工业区更新、街区更新、社区更新等方面不断展开探索实践,迭代升级,形成了具有成都特色的城市更新方法与路径。

关键词: 城市有机更新;存量空间治理;成都

上海城市更新方式的转变探索

李 锴 聂梦遥 关 烨 严 涵 上海市上规院城市规划设计有限公司

摘要: 基于"人民城市"建设的新要求和新趋势,上海需要逐步探索"上下结合、区域统筹、多元主体协商、多种方式实施"的城市更新方式。在此基础上,本文依据更新需求、特点的不同,将城市更新地区分为重点发展地区、改善提升地区两种类型,并通过制度创新建立差异化的政策供给和实施机制,对上述两类地区的城市更新进行激励、协调和统筹。

关键词: 城市更新;更新方式

美起来,富起来,顺起来
——从规划设计到扎根服务的模式转型

杨 怡 江苏省规划设计集团有限公司

摘要: 随着乡村振兴战略的深入推进,2021年中央"一号文件"颁布,提出"全面推进乡村振兴""加快农业农村现代化",全面部署"乡村建设行动"。本文首先分析了新发展格局下"一号文件"对乡村振兴的政策导向;其次,从苏北农房改善设计实践如何让村子"美起来"、乡村产业发展策划如何让农民"富起来"、规划设计扎根服务如何让乡村生活"顺起来"三个方面,梳理从规划设计到扎根服务的模式转型过程;最后,总结江苏省三种典型的扎根服务模式,探索提升乡村空间品质的规划实践模式转型。

关键词: 乡村振兴;苏北农房改善;乡村产业策划;扎根服务

针灸式城市设计的深圳实践

毛玮丰、胡淙涛、唐倩 深圳市规划国土发展研究中心

摘要：深圳前三十年完成的城市设计为城市发展奠定了良好的空间格局，但在步入城市精细化管理的新时期，仅靠注重景观轴线、重点地区的传统城市设计手段远远不够，城市建设必须更加重视塑造城市一般地区的活力节点，并通过加强城市设计的公众参与，邀请人们参与到城市生活中来。"趣城"计划从发起至今已经有十年时间，其建立了城市设计领域的 KPI 关键绩效指标系统，探索针灸式城市设计在深圳市、区、社区三个层面的实践，构建了可广泛推广应用的实施机制与路径。同时，搭建开放共享的平台，使项目融入了多方力量，建立以基层政府为实施主体、以小型城市设计竞赛为实施方式、以多渠道拓展资金为实施保障的实施机制。

关键词：针灸式；城市设计；深圳；趣城

绿道在城市更新中营造公共空间的意义与方法
——以茂名为例

胡 斌 上海同济城市规划设计研究院有限公司

摘要：营造高品质公共空间成为城市更新背景下城市规划研究的焦点，结合规划实践总结可持续推进的公共空间营造行动计划具有重要的现实意义。本文基于对绿道公共空间和空间连接属性的认知，提出将建设绿道作为城市更新中营造公共空间的一种有效行动方式，并分析绿道营造公共空间的意义和价值所在。最后基于茂名 2019 年以来持续开展的"好心绿道"建设实践，总结具体的规划设计方法和实际经验，希望能够为类似的城市更新行动或研究提供有益的启发和借鉴。

关键词：城市更新；绿道；公共空间茂名

精细化治理视角下的省域公共文化设施规划研究
——以海南为例

韩胜发、李佳宸 上海同济城市规划设计研究院有限公司

摘要：在空间规划改革的背景下，如何编制省域公共文化设施专项规划并协调其与国土空间总体规划的关系成为重点。研究以海南省公共文化设施规划为例，在战略引领、省域发展和民生保障三个目标的指引下，总结了标准、人群、设施、绩效和保障等系统性问题，提出了人群谱系、标准体系、设施布局、评估体系、保障体系五个方面的规划策略。同时，以公共设施的精细化配置为核心，探索了省域公共文化设施规划编制的方法。

关键词：战略引领；人群谱系；精准配置；规划衔接

阅读或下载各篇论文可扫二维码

实用性村庄规划编制技术标准与实施监督体系建立的沈阳实践

刘春涛　王　玲　沈阳市规划设计研究院有限公司

摘要：本文从五个部分入手，对2019年沈阳市自然资源局接手全市村庄规划编制工作以来，对全市村庄规划在编制技术标准与实施监督体系建立方面的研究实践进行经验总结，明确不足、广作交流，以期进一步完善乡村规划体系，建立完善、实用的村庄规划组织、编制、实施体系，共同推动乡村向治理能力现代化迈进。

关键词：实用性；沈阳市；村庄规划

情感建构下历史文化遗产的价值重构
——以湖贝旧村保护更新为例

钟文辉　吴锦海　深圳市城市规划设计研究院有限公司

摘要：遗产保护学的核心是保护历史价值，城市规划的核心在于塑造新的价值。对于历史文化遗产，在固有的历史价值的基础上，如何塑造更大的新价值，是值得规划工作者思考的一个问题。本文认为，在历史文化遗产内在固有价值一定的情况下，情感分值越大，其外在建构价值就越大。塑造历史文化遗产新价值的关键在于提升情感分值。本文以湖贝旧村作为实证案例，探讨湖贝旧村在保护过程中如何通过提升情感分值进而提升湖贝旧村的价值认同。

关键词：情感建构；利益主体与非利益主体；湖贝旧村；价值认同

"寻找回来的街道空间"
——城市街道设计导则系统评析与优化思考

马　强　韦　笑　任冠南　上海同济城市规划设计研究院有限公司

摘要：重要街道空间的人本化改造提升与精细化设计在发达国家再次兴起，街道空间重获关注。针对国内街道现存的诸多问题，本文主张采用"街道都市主义"的视角重新审视和提升街道价值，即从人本主义、公共空间、场所营造、城市设计的角度重新认识传统，以交通和工程设计为主导的道路体系，以整体化手法统筹各项街道要素。本文回顾与梳理了国内外城市街道空间设计和学术研究情况，总结了国内外街道设计导则的编制经验，并通过对目前国内外街道设计导则在理念目标、主体内容、街道分类与管控要素方面的特征分析和对比，对导则编制实践过程中的横、纵向传导协调关系进行理性反思，从"街道都市主义"视角提出未来街道设计导则在自身定位和编制内容体系方面的改进和优化意见。

关键词：街道都市主义；公共空间复兴；街道空间设计

阅读或下载各篇论文可扫二维码

新时期长三角区域治理新框架的探索

孙经纬　江苏省规划设计集团城市规划设计研究院

摘要：长三角区域一体化由来已久,通过若干区域合作组织以及区域规划的实施,其在省市级重大项目上取得了重大突破,但是对涉及深层利益的事务以及断头路等基层事务还难以达成一致。究其原因,发现原有区域治理框架在治理主体、治理内容和治理手段等方面存在问题,包括治理主体的纵向和横向传导机制不完善、治理内容对基层事务关注不足、区域规划等治理手段难以落实等。但近年来,随着国家力量的强势介入,长三角区域合作办公室正式成立,原有区域治理的路径依赖逐渐被打破,新的治理框架逐步形成。新的治理框架重构了治理主体架构,丰富并深化了治理内容,强化了治理工具的可操作性,解决了之前长期困扰长三角一体化发展的深层次问题。

关键词：区域治理；长三角一体化

新发展阶段下跨界治理的再思考

国子健　江苏省城镇与乡村规划设计院有限公司
钟　睿　江苏省城镇化和城乡规划研究中心

摘要：跨界治理是区域治理向管理层面的行动延伸,是中国治理体系和治理能力现代化的一种体现,是西方治理理论在中国特色化实践的展示。新发展阶段,由行政分割带来的交通设施、生态环境、邻避设施等跨界矛盾日益凸显,阻碍着区域整体发展,因而构建跨界治理体系势在必行。本文在梳理了跨界治理的概念缘起和治理模式的基础上,针对我国的特色,总结出中国空间治理的模式和实践表现,进而构建了新时代跨界治理的理论体系。该体系筹协调国土空间保护和国土空间开发两大基底,叠加基础设施、文化旅游、产业合作、邻避性设施、公共服务等各类要素,并通过多种机制构建和政策设计来加以保障,最终实现跨界地区高质量一体化发展和体制机制的创新。

关键词：跨界治理；体系构建；中国

儿童友好视角下学校规划设计导则编制探索
——以江苏昆山为例

肖　飞　苏州规划设计研究院股份有限公司　余启航　昆山市自然资源和规划局
刘　冰　同济大学建筑与城市规划学院　　　杨晓光　同济大学交通运输工程学院

摘要：儿童是城市交通中重要的参与者,目前在江苏昆山,上、下学时段学校周边道路接送问题突出,家长车辆随意停放,交通秩序混乱,严重影响学校及周边区域的安全畅通。学校在布局、规模、选址、内外交通组织等诸多方面无法适应儿童友好和城市交通转型发展的要求,急需在学校规划设计方法这一源头上有所创新。《昆山市学校规划设计导则》本着"集约节约、安全有序、优美舒适、智慧共享"的目标,围绕学校布局规模与选址、周边交通设施、内部交通设施三方面内容,10项要素进行设计引导,为昆山和国内其他城市探索如何缓解学校及周边交通问题,建设儿童友好型学校,做出了第一次全面、系统的尝试。

关键词：儿童友好；学校布局；学校选址；学校交通；地下接送

阅读或下载各篇论文可扫二维码

空间生产视角下我国城市更新模式转变刍议
——兼论城市更新"网红化"现象

崔 国　上海华都建筑规划设计有限公司
周 详　东南大学建筑学院　张晶轩　《城市中国》研究中心

摘要： 在我国城市更新实践中，追求视觉性与体验性"网红化"的街区改造正成为城市更新领域的普遍现象。本文以空间生产理论为研究框架，对城市更新"网红化"现象的特征和产生的原因进行了研究，指出城市更新中空间的"网红化"现象是资本将城市空间作为生产对象，注入资本，实现空间增值，进而取得资本收益的二级资本循环过程。导致这种普遍现象的原因，是城市更新中利益共轭模型不稳固、沟通桥梁缺失的外化表现。本文在总结既有研究和实践的基础上，提出"公—私—社区及三方"合作模式来实现利益共轭、建立语言桥梁，并最终规避城市更新空间"网红化"的一种新型模式。

关键词： 城市更新；网红化；空间生产；模式

靖江市已建区控规编制思路探讨
——以街坊来盘活低效地块更新和以生活圈功能组织为抓手的控规编制方法

季如漪　江苏省规划设计集团有限公司

摘要： 控制性详细规划作为技术文件和公共政策，在政府与市场的关系中发挥着关键作用。本文以江苏省靖江市已建区控规为例，探索存量更新视角下控规的编制方法。在传统更新规划"三旧改造"的基础上，增加了全类别用地性质的潜力分析，并对各类用地提出了相应的更新策略。但现状小地块开发效果并不理想，因此，文章强调以街坊尺度来组织已建区更新。街坊更新方式也进一步引导了单元内公服设施配置，以"5分钟生活圈"来校核公共服务设施配置，重点解决旧城区公共服务能力不足的问题。

关键词： 地块更新；影响地块；街坊更新；生活圈；小地块

改革过渡期规划管理政策制订的工作方法创新
——以广东省《关于加强和改进控制性详细规划管理若干指导意见（暂行）》为例

唐 卉　广东省自然资源厅
曾祥坤　深圳市蕾奥规划设计咨询股份有限公司
苏智勇　广东省自然资源厅
刘小丽　广东省建筑设计研究院有限公司

摘要： 当前，城市发展和城市规划都面临重大转型，国土空间规划法律法规制度体系的稳定尚需较长时间，以规范性政策文件为规划改革划定底线指明方向或将成为过渡期的一种"新常态"。本文以近期出台的《广东省自然资源厅关于加强和改进控制性详细规划管理若干指导意见（暂行）》为例，探讨了新时期规划管理政策的工作方法和经验，如瞄准关键词，切实提升控规修改审批的工作效率；巩固既有成果，及时响应、落实过渡期最新改革要求，强调统分兼顾，引导基层结合实情因地制宜地创新；扎实开展研究，确保政策措施的合法性、实用性、有效性。从长期趋势看，政策研究制定要与政策实施形成动态反馈，实现上下互动、前后循环的规划管理政策制度建设模式。

关键词： 规划管理；政策制定；控制性详细规划；广东

详细规划层面生态保护与修复的路径探索
——以北京市门头沟区为例

李 崛 上海同济城市规划设计研究院有限公司

摘要：本研究从国土空间规划详细规划层面出发,提出生态保护与修复的实施路径,以实现生态规划从宏观区域格局到微观地块管控的衔接。以北京市门头沟区为例,论述了以"生态保护—建设开发"权衡及生态过程回溯为核心,以生态控制分区划定、生态管控导则与管控指标体系构建、生态控规图则发布等为一般流程的具体方法与实现手段。

关键词：生态控制分区；用地权衡；图则；门头沟区

历史文化传承视角下的里坊空间格局保护与展示策略研究
——以唐长安城安仁坊为例

沈思思 张 睿 陈 虓 西安市城市规划设计研究院

摘要：隋、唐长安城是我国都城建设史上的重要里程碑,其城市形态体现出《考工记》中理想城市模型的主要特征,成为古代东方都城建设的典范。但如今在唐长安城遗址上演变而来的现代城市西安,由于地面历史遗存少,在空间上已很难辨识、感知出里坊制格局。本文试图以西安市小雁塔片区所在的安仁坊为例,探索在城市建设中保护、传承和演绎唐长安城里坊空间格局的方法,以期为其他历史文化空间的保护与展示提供借鉴思路。

关键词：唐长安城；城市营建；里坊；遗址

新时期高密度城市区域生态空间的治理路径
——基于成都环城生态区的思考

钟 婷 成都市规划设计研究院

摘要：成都环城生态区是位于高密度城市区域的生态空间,经过多年发展已经初步形成了规模较大、品质较高的大尺度生态空间。本研究从生态价值转换的角度,根据环城生态区的发展阶段与使命,重新诠释其价值内涵与发展目标,并以生态系统价值为基础,从保量提质、空间赋能以及制度保障三个方面着手构建了生态价值转换路径,为类似地区的生态空间治理提供思路。

关键词：成都环城生态区；生态空间；生态价值转化；城市治理

阅读或下载各篇论文可扫二维码

传统工业基地城镇开发边界划定探索
——以包头为例

庄洁琼　包头规划设计研究院

摘要： 城镇开发边界是我国国土空间规划和用途管制的重要支撑，是实现国土空间高质量发展的工具，更是完善地方发展空间格局的直接手段。包头市是传统工业城市，产业结构重型化、前端化，亟须破解工业围城、产业转型、空间优化等矛盾，结合地方实际，客观、公正地划定城镇开发边界，确保规划好用、能用。本文针对地方突出问题，将城镇开发边界的划定方法总结为六部分，以期为同类型城镇划定开发边界提供借鉴。

以风貌提升唤醒乡村时代价值
——湾区建设和乡村振兴战略下的东莞乡村风貌提升研究

谢石菅　周有军　谢儒刚　牟玉婷　高升　东莞市城建规划设计院

摘要： 乡村风貌提升本质上讨论的是乡村地区面向未来发展的价值取向、社会经济以及空间治理问题。过去，在东莞农村工业化发展历程中，乡村风貌处于被动的演变状态。当下，湾区建设和乡村振兴两大战略叠加，赋予东莞乡村时代新的价值，带来乡村风貌提升的新要求。鉴于此，结合东莞实际，提出强调地方文化自信、匹配乡村新业态、全要素治理的风貌提升工作思路，在管控方式上，强调市域层面管格局、分区层面管主题、村落层面管要素，并提出配套的政策建议。
关键词： 湾区；乡村振兴；东莞；乡村风貌提升

阅读或下载各篇论文可扫二维码

后 记

"第9届金经昌中国青年规划师创新论坛暨第5届金经昌中国城乡规划研究生论文遴选结果公布"活动采用单位推荐和个人报名的方式,得到了相关单位的大力支持和青年规划师的踊跃参与,自2021年4月启动,截至2021年5月10日,共征集到来自全国各设计机构、科研院所和高校等支持单位共59篇论文。

组委会专门组织了同济大学建筑与城市规划学院教授、论坛主持及策划人等专家,就议题对所有材料进行了评议,选取46份紧扣主题、特色鲜明、具有讨论价值的稿件,经修订后,汇编成集。同时,选取了其中16份稿件,推荐参与论坛宣讲交流。论文集若有不足之处,敬请谅解。

参加第9届金经昌中国青年规划师创新论坛的文集目录如下(按收稿时间顺序):

题目	姓名	单位
精细化治理视角下的省域公共文化设施规划研究——以海南为例	韩胜发 李佳宸	上海同济城市规划设计研究院有限公司
实用性村庄规划编制技术标准与实施监督体系建立的沈阳实践	刘春涛 王 玲	沈阳市规划设计研究院有限公司
智能推演在国土空间规划中的应用	周新刚	同济大学建筑与城市规划学院
针灸式城市设计的深圳实践	毛玮丰 胡淙涛 唐 倩	深圳市规划国土发展研究中心
深圳市重大民生设施土地整备五年实施规划与行动计划	毛玮丰 刘永红 唐 倩 王钰莹 谢 锋	深圳市规划国土发展研究中心
国土空间背景下县城城镇开发边界划定思考	周华金 刘鹏发	平阳县自然资源和规划局
生态本底·文化赋能·魅力呈现——市级国土空间总体规划编制框架下的城乡风貌管控探索	李晓宇 张 路 朱京海	沈阳市规划设计研究院有限公司，沈阳市园林规划设计院有限公司，沈阳建筑大学
深圳市城市体检评估的探索与实践	姚 康	深圳市规划国土发展研究中心
基于路网拓扑效率和POI核密度的城市中心识别方法研究——以深圳市为例	郑 婷 曾祥坤 钱征寒	深圳市蕾奥规划设计咨询股份有限公司
基于路径依赖理论的一个规划过程性分析框架	韦 胜	江苏省规划设计集团有限公司
情感建构下的历史文化遗产的价值重构——以湖贝旧村保护更新为例	钟文辉 吴锦海	深圳市城市规划设计研究院有限公司
"寻找回来的街道空间"——城市街道设计导则系统评析与优化思考	马 强 韦 笑 任冠南	上海同济城市规划设计研究院有限公司，复兴规划设计所
新时期长三角区域治理新框架的探索	孙经纬	江苏省规划设计集团城市规划设计研究院
新发展阶段下跨界治理的再思考	国子健 钟 睿	江苏省城镇与乡村规划设计院有限公司，江苏省城镇化和城乡规划研究中心
基于大数据的深圳市科技型中小企业分布特征研究	萧俊瑶	深圳市蕾奥规划设计咨询股份有限公司

续表

题目	姓名	单位
儿童友好视角下学校规划设计导则编制探索——以江苏昆山为例	肖 飞　余启航　刘 冰　杨晓光	苏州规划设计研究院股份有限公司，昆山市自然资源和规划局，同济大学建筑与城市规划学院，同济大学交通运输工程学院
城市更新和产业更新——存量时代产业空间提质增效的思考	濮 蕾	深圳市蕾奥规划设计咨询股份有限公司
空间生产视角的城市更新模式转变刍议——兼论当前我国城市更新"网红化"现象	崔 国　周 详　张晶轩	上海华都建筑规划设计有限公司，东南大学建筑学院，《城市中国》研究中心
靖江市已建区控规编制思路探讨——以街坊来盘活低效地块更新和以生活圈功能组织为抓手的控规编制方法	季如漪	江苏省规划设计集团有限公司
改革过渡期规划管理政策制订的工作方法创新——以广东省《关于加强和改进控制性详细规划管理若干指导意见（暂行）》为例	唐 卉　曾祥坤　苏智勇　刘小丽	广东省自然资源厅，深圳市蕾奥规划设计咨询股份有限公司，广东省自然资源厅，广东省建筑设计研究院有限公司
多源数据支持下的国土空间格局识别研究——以宿州为例	韩胜发　吴 忠　贺小山	上海同济城市规划设计研究院有限公司，宿州市自然资源和规划局
山地城镇文化的空间重塑：理论框架与规划实践	俞屹东　蒋希冀　叶 丹　张 楠	上海同济城市规划设计研究院有限公司，同济大学建筑与城市规划学院
城市更新政策创新研究	盛晓雪	沈阳市规划设计研究院有限公司
详细规划层面生态保护与修复的实施路径探索——以北京市门头沟区为例	李 崛	上海同济城市规划设计研究院有限公司
空间治理视角下的村庄规划编制探索——以山东省省级村庄规划示范项目为例	张 飞　翟荣新	济南市规划设计研究院，山东省土地综合治理服务中心
多网融合时代"长三角"铁路枢纽特征与发展策略	何兆阳	中国城市规划设计研究院上海分院
市县级国土空间规划耕地划定的技术思路探讨——以海南省乐东黎族自治县为例	张 艳　崔志祥　叶朝金	深圳大学建筑与城市规划学院，海南省土地储备整理交易中心

题目	姓名	单位
建立中等城市"比较优势"的战略共识——基于《金华2049战略规划》的思考	蔡天抒 肖鹏飞	深圳市城市规划设计研究院有限公司
历史文化传承视角下的里坊空间格局保护与展示策略研究——以唐长安城安仁坊为例	沈思思 张 睿 陈 虓	西安市城市规划设计研究院
县级国土空间总体规划陆海统筹重难点问题探究——以山东省寿光市为例	郭 睿	上海同济城市规划设计研究院有限公司
府际博弈视角下省际毗邻地区空间治理新框架探索——以长三角生态绿色一体化示范区为例	张志敏	浙江省城乡规划设计研究院，浙江省自然资源厅（挂职）
跨城客流组织下的多尺度城市体系认知——以广州四大站点为例	王启轩 张艺帅	同济大学建筑与城市规划学院
技术与社会共演视角下的"淘宝村"发展趋势探讨	周 静	苏州科技大学建筑与城规学院
黄河流域西北半干旱地区河道生态修复规划探索——以兰州榆中夹沟河为例	杨 骏	上海同济城市规划设计研究院有限公司西北分院
基于特殊价值的黄陵历史文化名城保护方法探析	孟原旭 刘雅婧	深圳市蕾奥规划设计咨询股份有限公司
绿道在城市更新中营造公共空间的意义与方法——以茂名为例	胡 斌	上海同济城市规划设计研究院有限公司
生态文化价值地区识别与农业农村发展布局优化——以黔东南为例	傅 鼎 钱 慧	上海同济城市规划设计研究院有限公司
国土空间规划中生态价值评价的应用思考	黄 华	上海同济城市规划设计研究院有限公司
战略引领融入新发展格局协调联动探索空间治理路径——以海南省国土空间规划编制工作为例	张 成	上海同济城市规划设计研究院有限公司
新发展格局下城市发展的供应链逻辑与规划应对	肖作鹏	哈尔滨工业大学（深圳）建筑学院
存量时代的住有宜居探索——以深圳为例	林辰芳	深圳市城市规划设计研究院有限公司
美起来、富起来、顺起来——从规划设计到扎根服务的模式转型	杨 怡	江苏省规划设计集团有限公司城市规划设计研究院
新格局新机遇视角下中等城市的升级路径探究——以天津市宝坻区国土空间规划为例	杨馥瑞	天津市城市规划设计研究总院有限公司

续表

题目	姓名	单位
新时代"珠三角模式"转型背景下的空间治理策略迭代——以东莞市国土空间总体规划编制为例	曾 堃	广州市城市规划勘测设计研究院
新时期高密度城市区域生态空间的治理路径——基于成都环城生态区的思考	钟 婷	成都市规划设计研究院
以文化空间引领的国土空间格局建构研究——以江西省景德镇为例	赵 霖 尚嫣然 郑筱津 张险峰	北京清华同衡规划设计研究院有限公司
消费视角下商业街区的更新趋势与规划应对——王府井商业区更新与治理规划的思考	郭 婧	北京市城市规划设计研究院
传统工业基地城镇开发边界划定探索——以包头为例	庄洁琼	包头规划设计研究院
粤港澳大湾区十四五新动态——广州市空间发展新动态	陈 雯	深圳市蕾奥规划设计咨询股份有限公司
以产权明晰和要素流动促进生态产品的价值实现	刘 畅 董 珂 高 洁	中国城市规划设计研究院、北京交通大学建筑与艺术学院
推进城市有机更新，探索存量空间治理路径——成都实践	姚 南	成都市规划设计研究院
重塑"国之天元"：湖北空间发展战略的思考	林建伟	武汉市规划研究院
城市信息学进展研究与城乡规划学科发展的启示	刘 超	同济大学建筑与城市规划学院
湾区时代背景下的东莞乡村风貌提升研究	谢石营 周有军 谢儒刚 牟玉婷 高 升	东莞城建规划设计院
市级国土空间规划编制的技术逻辑与管理逻辑	张 超 闫 岩	中国城市规划设计研究院上海分院
上海城市更新方式的转变探索	李 镨 聂梦遥 关 烨 严 涵	上海市上规院城市规划设计有限公司
深圳市国土空间规划标准单元划定与制度探索	陈敦鹏	深圳市规划国土发展研究中心
"统筹、传导与动态可持续"——基于系统框架的过渡期市县国土空间生态规划方法探索与实践	丁禹元	西安建筑科技大学建筑学院、西安建大城市规划设计研究院
基于国土空间高质量发展的水务生态治理——以深圳市光明区为例	吴 丹	深圳市城市规划设计研究院有限公司

参加推荐单位名单（42家单位，排名不分先后）

《城市中国》研究中心

《城市中国》杂志编辑部

包头规划设计研究院

北京清华同衡规划设计研究院有限公司

北京市城市规划设计研究院

成都市规划设计研究院

东莞城建规划设计院

东南大学建筑学院

广东省建筑设计研究院有限公司

广东省自然资源厅空间规划处

广州市城市规划勘测设计研究院

哈尔滨工业大学（深圳）建筑学院

海南省土地储备整理交易中心

济南市规划设计研究院

江苏省城镇化和城乡规划研究中心

江苏省城镇与乡村规划设计院有限公司

江苏省规划设计集团有限公司城市规划设计研究院

昆山市自然资源和规划局

平阳县自然资源和规划局

山东省土地综合治理服务中心

上海华都建筑规划设计有限公司

上海市上规院城市规划设计有限公司

上海同济城市规划设计研究院有限公司

深圳大学建筑与城市规划学院

深圳市城市规划设计研究院有限公司

深圳市规划国土发展研究中心

深圳市蕾奥规划设计咨询股份有限公司

沈阳建筑大学

沈阳市规划设计研究院有限公司

沈阳市园林规划设计院有限公司

苏州规划设计研究院股份有限公司

苏州科技大学建筑与城规学院

天津市城市规划设计研究总院有限公司

同济大学建筑与城市规划学院

同济大学交通运输工程学院

武汉市规划研究院

西安建大城市规划设计研究院

西安建筑科技大学建筑学院

西安市城市规划设计研究院

浙江省城乡规划设计研究院

中国城市规划设计研究院

中国城市规划设计研究院上海分院

感谢所有作者对"金经昌中国青年规划师创新论坛"的支持！感谢所有参加推荐单位的大力支持！感谢上海同济城市规划设计研究院有限公司第九支部对本论坛的大力支持！

第9届金经昌中国青年规划师创新论坛组委会

2021年6月